"大自然小问题"
系列

无限星空

[法]安妮·德布罗伊斯 / 著
[法]弗雷德里克·米肖 / 绘
孟念慈 / 译

深圳出版社

版权登记号 图字：19-2023-324 号

Originally published in France as:

L'univers infini des planètes ... et des étoiles

By Anne Debroise, Illustrated by Frédéric Michaud

© Les Editions de la Salamandre

Current Chinese translation rights arranged through Hannele & Associates C/O Divas International, Paris

巴黎迪法国际版权代理(www.divas-books.com)

图书在版编目（CIP）数据

无限星空 / （法）安妮·德布罗伊斯著 ；（法）弗雷
德里克·米肖绘 ；孟念慈译. -- 深圳 ：深圳出版社，
2025．7．-- （"大自然小问题"系列). -- ISBN 978-7-
5507-4154-6

Ⅰ．P159-49

中国国家版本馆CIP数据核字第202448FC48号

"大自然小问题"系列：无限星空
DAZIRAN XIAOWENTI XILIE: WUXIAN XINGKONG

责任编辑	林凌珠	责任技编	梁立新
责任校对	张丽珠	封面设计	朱玲颖

出版发行	深圳出版社
地　　址	深圳市彩田南路海天综合大厦（518033）
网　　址	www.htph.com.cn
订购电话	0755-83460239（邮购、团购）
设计制作	深圳市童研社文化科技有限公司
印　　刷	深圳市新联美术印刷有限公司
开　　本	787mm×1092mm　1/24
印　　张	4.5
字　　数	7.2 千
版　　次	2025 年 7 月 1 版
印　　次	2025 年 7 月 1 次
定　　价	39.80 元

目 录

我们能看到**天上**多少颗星星?

▶ 在理想条件下，视力极佳者大约可以观测到4000颗星星。

受光污染的影响，城市居民一般只能在天空中看到20来颗星星。为了看到更多，有经验的观测者会找一处偏僻的高地，保证有一个360度的视角。选择一个无云无月的夜晚，就能观测到无垠苍穹的一半，而另一半，则在他的脚下，地球的另一端。

一切准备就绪，现在他可以迎接浩瀚星辰了。然而，仅在我们的银河系，就有2000亿颗星星。天文学家估测，在我们的宇宙中共有300万亿亿颗星星，也就是说3后面有22个零！

那么，为什么我们只能看到这么一小部分呢？这是由眼睛的敏感度决定的。我们的眼底视网膜上有数不清的光感受细胞。发光体所发出的光量子，也就是光子，会激活这些光感受细胞。但如果每秒的光子数量低于50个，那么这些光感受细胞就没有反应。所以如果这些星星离得太远或发出的光太弱，光流无法充分刺激光感受细胞，我们就看不到它们。

对了，天上所有的亮点都是恒星吗？答案详见第72页。

你知道吗?

我们用"视星等"来表示肉眼所见的天体的亮度。它的数值越小，表示亮度越高。太阳的视星等为 -26.7，而月亮的只有 -13，织女星的则为0。肉眼可见的最低亮度的星星为6等星，而用哈勃望远镜则可以观测到32等星。

月球是
如何**诞生**的？

▶ **地球在和另一颗行星发生剧烈撞击时，一部分物质被喷射出来，于是就有了这颗地球的卫星。**

这次意外可能发生在45亿年前。当时的地球才刚刚0.5亿年，对于一颗行星来说，这还很年轻。它的妹妹忒伊亚只有它的1/4到1/3大小，也围绕太阳运行。然而忒伊亚的运行轨道很不规则，有可能受到太阳系中其他天体的干扰。终于有一天，它撞上了地球，产生猛烈冲击。

忒伊亚的内核充满了像铁这样的重元素，融入了地球内部，而外壳碎片和大量的地球岩石被喷射到太空。于是这些残骸、粉尘和气体便开始环绕我们的地球转动。

其中一部分掉落下来，而其他部分则留在轨道上并聚集起来，仅在数年之后，月球就形成了。

多次太空任务所采集的月岩，重建了这一关于月球起源的假说。这也解释了为什么地球岩石和月球岩石的成分如此相似。

对了，谁登陆过月球呢？答案详见第71页。

你知道吗？

月球形成之初，离地球很近。在那之后，月球围绕地球运行并逐渐远离地球。目前月球的运行轨道距地球的平均距离为38.5万千米，并以每年约3.8厘米的速度远离地球。

流星 是什么?

▶ **可不要被它的名字误导，流星并不是星星，而是穿过大气层时燃烧的宇宙尘埃或固体块。**

　　在太阳系里，大小不一的岩石碎片到处游走。有一天，它们的轨迹必然会使它们靠近月球或别的行星。其中一些，例如火流星，会穿越大气层，并在飞行中燃烧殆尽；而另一些，最终会撞向行星表面，例如陨石。

　　天体以接近15万千米/时的速度进入大气层时，会推动面前的尘埃和气体的混合物运动。进入大气层时，它们会升温并因摩擦而产生电荷，在100千米的高空，这些高温带电的气体就会发光。最细微的颗粒，小到像沙粒，大到像四季豆，在天空中划出一道绚丽的光迹，便形成了流星。快，是时候许个愿了，光亮有时只持续一秒！之后，尘埃便燃烧殆尽了。

你知道吗?

　　地球在绕日运行中，会规律性地靠近彗星轨道。这些彗星会不断失去物质，产生的尘埃穿过大气层就形成了流星雨。全年都可以观测到流星雨，但最知名的是8月份的英仙座流星雨。

月相是怎么形成的？

▶ **太阳只能照亮月球的半张脸。在月球公转周期的近一个月里，被照亮的部分看起来时大时小。**

新月时，月球正好位于地球和太阳中间，所以我们只能看到它的暗面。随着月球慢慢移动，面向地球的那一面逐渐被太阳照亮，形成一个漂亮的凹弧，我们这才有机会欣赏这弯美丽的月牙。

一周之后，月球绕地球轨道转了四分之一，这时，我们就能看到它被照亮的半边面孔了。随着它继续移动，亮面和暗面的边界不再凹陷而是凸起：这时我们称其为凸月。两周后，我们就能看到月球完全被照亮的那一面：这就是满月。

随后，圆月日渐消瘦，直至消失不见。

从赤道上看，月牙在升起时，状如一个倒扣的字母C。当它穿过天空从西边落下时，就像一条两头向上翘起的小船。越是向南或向北远离赤道，这艘小船的底部就越偏向左或右。这并不是月球在旋转，而是地球上的观测者在旋转！

你知道吗？

这里有一个判断月相的小窍门：在北半球，如果月亮的弧度像大写字母D，那么接下来，月亮就会慢慢"充盈"起来，变成满月；如果像字母C，则会慢慢"递减"重回新月。人们说月亮会骗人呢！在南半球，情况则相反，"D"就是"递减"，"C"就是"充盈"，是不是很好记呢？

宇宙是如何产生的？

▶ **138亿年前，浓缩了巨大能量的宇宙空间开始膨胀，构成物质的粒子大量涌现出来，这就是我们说的大爆炸。**

能量可以转化成物质，反之亦然。100多年前，阿尔伯特·爱因斯坦就发现了这一定律。巨大的原始能量释放，导致了基本粒子的产生。随着宇宙不断膨胀和冷却，这些粒子也开始结合并聚集。

天体物理学家们通过观测来还原宇宙的初始瞬间，只需用望远镜或通过天线观察天空，就能看到过去！光的传播需要一定的时间：几个小时，几天，甚至几年……所以，当我们看到一个距离地球10光年的星系时，所看到的已经是它10年前的模样了。在宇宙中能看得到的距离越远，意味着发生的时间离我们越久。

人类所捕捉到的最古老的信号来自130多亿年前，也就是大爆炸之后38万年。我们这个非常年轻的宇宙那时还只是一片混沌的粒子。但它有了一些块粒，并在引力的作用下吸引周围的物质，形成了无数个包含行星和发光恒星的星系。

你知道吗？

大爆炸并不是一次真正的爆炸，而是一次剧烈膨胀，所以它并没有发出声响。而且，在那个时候，也没有任何生物能听到这个声音。

为什么人在**太空中**是**飘浮**着的？

▶ **宇航员看上去好像在太空中飞行，但这仅仅是人们的一种印象。事实上，他们只是以和飞船相同的速度在移动。**

在地球上，我们受到地心引力的作用，它把我们吸向地心，使我们无论住在巴黎还是东京，两脚都能稳稳地站在地上。

引力在太空中无处不在，只是有大有小。它支配着所有天体甚至星系的运动。在我们头顶400千米处的国际空间站里生活的宇航员也受其影响。

虽然质量把他们引向地球，但速度把他们向外抛去，就像用弹弓弹射小石子一样。如此一来，他们的移动速度能达到28000千米/时。这种运动产生了离心力，能与引力相抵，从而使他们能待在轨道上。

引力和离心力对宇航员和他们的太空舱有同样的影响。由于移动速度相同，他们相对静止，既不被地面吸引，也不会撞向太空舱内壁，所以宇航员飘浮在空中，感觉自己没有任何重量。

你知道吗？

在国际空间站里，没有上下之分，因此采用任何姿势睡觉都没有差别。

休息的时候，宇航员会钻进挂在舱壁上的睡袋里，并固定好自己。这样，睡觉时就不会四处飘荡了！

恒星和行星有什么区别？

▶ **相较于行星，恒星会发光，且体积更大，但行星围绕恒星转动可并不是因为"爱慕"哦。**

这一切可能得归结于体积大小。在宇宙中，物体的质量越大，对周围物体的吸引力就越强：这就是万有引力。所以，轻的物体总是围绕重的物体转动。因此，地球围绕太阳转动。

这种引力不仅作用于大质量物体的外部，也作用于它的内部。一旦天体的质量超过地球的3万倍，它的核心物质将面临高压高温，以至于产生核聚变反应。天体从内部开始燃烧，释放出更多热能和光能，并发亮，形成恒星。

而行星就没有足够的质量来引起这种反应。它们的引力只能使内部较重的物质，例如铁，向核心移动。核心会小幅度升温，但也仅此而已。

一些行星，例如火星和金星，之所以在天空中显得很亮，是因为它们反射了恒星——太阳的光。

你知道吗？

在宇宙中，有一些星系更加复杂，它们是由多个恒星组成的。所以有些行星会有两个甚至更多像太阳这样的恒星。

我们能在土星环上行走吗？

▶ **不能。环绕这个巨大行星的带子并不像田径跑道那样坚实，而只是一些冰块和碎石。**

土星是太阳系中的一颗巨行星，距离太阳比地球远了约10倍，质量是地球的95倍！因为它能反射太阳光，所以有时候肉眼就能看到。如果想看到围绕它的光环，只需一台入门级天文望远镜就可以做到。

土星环是一个薄薄的巨大圆盘，直径达90万千米，厚度2到10米不等。科学家们发现了7个环环相套的土星环，在它们之间有一些缝隙。这些圆盘并不是完整的一片，而是由无数大小不一的固体颗粒组成。这些颗粒小到一粒沙，大到有如一栋房子，主要成分是岩石和冰。这些冰像小镜子一样在太阳的照射下反射出光亮。

每个颗粒都以自己的速度沿轨道运行，速度超过5万千米/时，所以在土星环中经常会有颗粒摩擦碰撞。

你知道吗？

土星在太阳系中并非独一无二。另外三颗巨行星——木星、天王星和海王星也都有行星环，只不过暗到几乎看不见。更奇特的是，有些天然卫星也有星环，例如土星的第二大卫星——瑞亚。

为什么夜晚如此**黑暗**？

▶ **既然在我们头顶上有无数颗闪耀的星星，夜空本应该是明亮璀璨的。然而不是，因为光来不及来到我们眼前。**

天文学家假设宇宙是无穷且同质的，也就是说无论在哪里，宇宙都是由相同密度的恒星和星系组成的。只要抬头看向天空，就一定能看到发光的物体。浩瀚的星辰应该可以点亮苍穹。

那为什么夜晚会这么黑呢？因为星斗的光太远了，来不及来到我们眼前。光的传播速度为30万千米/秒，也就是略高于10亿千米/时。

最早的恒星形成于130多亿年前，之后宇宙膨胀，使它们越来越远。由于大多数恒星距离我们很远，以至于需要几十亿年才能来到我们眼前。所以，这些遥远的恒星还太新，无法点亮夜空。

对了，为什么恒星会发光呢？答案详见第23页。

答案详见第23页。

你知道吗？

几个世纪以来，这个关于黑夜的问题一直困扰着天文学家。然而，是热衷于天文学的美国诗人埃德加·爱伦·坡，在1848年发表的文章中首先回答了这个问题。

为什么银河系在天上画出一条亮带？

▶ **我们在地球上的观测点看到的银河系就是这般模样。**

星系是集合了大量太空物质、规则而扁平的椭圆形圆盘，并像飞碟一样旋转着。

星系包括各种天体：气体云团、行星、尘埃、小行星、恒星，还有黑洞。黑洞的密度无限大，以至于所有靠近它的物体都会被吸入，包括光。

银河系的璀璨光芒来自其内部的约2000亿颗恒星。这些闪耀的新生恒星汇集在一起，勾画出一个独特的图形：从中心的银核伸出两条旋棒，进而发展出多条呈螺旋状的旋臂。

这些恒星中就有我们的太阳。它位于猎户臂，在离银河系中心大约27000光年的远端。所以，我们在地球上是从侧面观测银河，它就像一条乳白色亮带。

你知道吗？

古希腊神话中，天神宙斯和一位凡间女子阿尔克墨涅生了一个儿子，叫赫拉克勒斯。他被送到沉睡的赫拉怀里，因为一旦喝了天后的乳汁，孩子就会脱离凡胎，拥有不死之身。但赫拉突然惊醒，并一把推开孩子。乳汁从胸口飞溅而出，绘就了银河。

为什么恒星 会**发光**？

▶ **因为它们内部发生了核聚变，释放出热能和光能。**

恒星，例如太阳，都是巨大的气态星球，主要元素为氢。

恒星巨大的质量对围绕其转动的物质产生一种引力。在引力的作用下，所有气体都聚集在恒星中心，压力升高，以至于原子核发生聚变。氢原子聚合变成了氦原子，形成另一种气体。这种核聚变和原子弹爆炸发生的核裂变同属核变，能释放出以热能和光子为主要形式的巨大能量。

核聚变所释放出的光子穿过恒星，继续前行，直至我们的眼睛接收到光亮。受自身的温度影响，不同恒星释放出的能量大小不同，我们能看到的光也呈现出不同颜色：淡蓝色、黄色或橙红色。真如烟火般璀璨！

对了，恒星和行星有什么区别呢？答案详见第14页。

你知道吗？

恒星的光在穿越地球大气层时，受温度和压力的变化影响发生了偏移，所以地球上的观测者看到的光会"眨眼"。

相较而言，行星的光就稳定多了。因为它们距离我们更近，能反射的光束更宽，并且受到大气的干扰更小。

前往另一个星球
需要多久?

▶ **很久! 我们要花好几个月才能抵达火星, 要经历几代人才能抵达另一个星系。**

星球之间的距离非常遥远。在太阳系中, 即使是离我们最近的邻居——金星, 距离地球至少也有4200万千米。以汽车在高速公路上行驶的速度, 到达那里需要40年。

宇宙飞船的速度比汽车快500倍, 但在太空中也显得行动缓慢。1969年至1972年, "阿波罗号"系列飞船登上月球用了5至7天。各种任务的探测器被送上火星用了7到9个月。

2006年, 当时人类史上最快的探测器"新地平线号"发射成功, 9年后它飞越了位于太阳系边缘的冥王星, 而它需要78000年才能抵达位于半人马座的比邻星b, 这是太阳系外距离地球最近的行星。

用现有的化学燃料实现飞行器脱离地球引力, 并将其以巡航速度发射到太空, 就目前来说已经做到最好了。装载更多的燃料也无法解决问题, 因为大部分多余的燃料都得用于推动它们自己的重量。物理学家正在研究使用高浓缩能源驱动的飞行器, 例如核能推动器。

你知道吗?

我们是否能在漫长的太空航行中存活下来, 这一点并不确定。失重会严重损害人体健康, 尤其是骨骼和肌肉。同时, 宇航员会因为受到高剂量辐射而增加患癌风险。

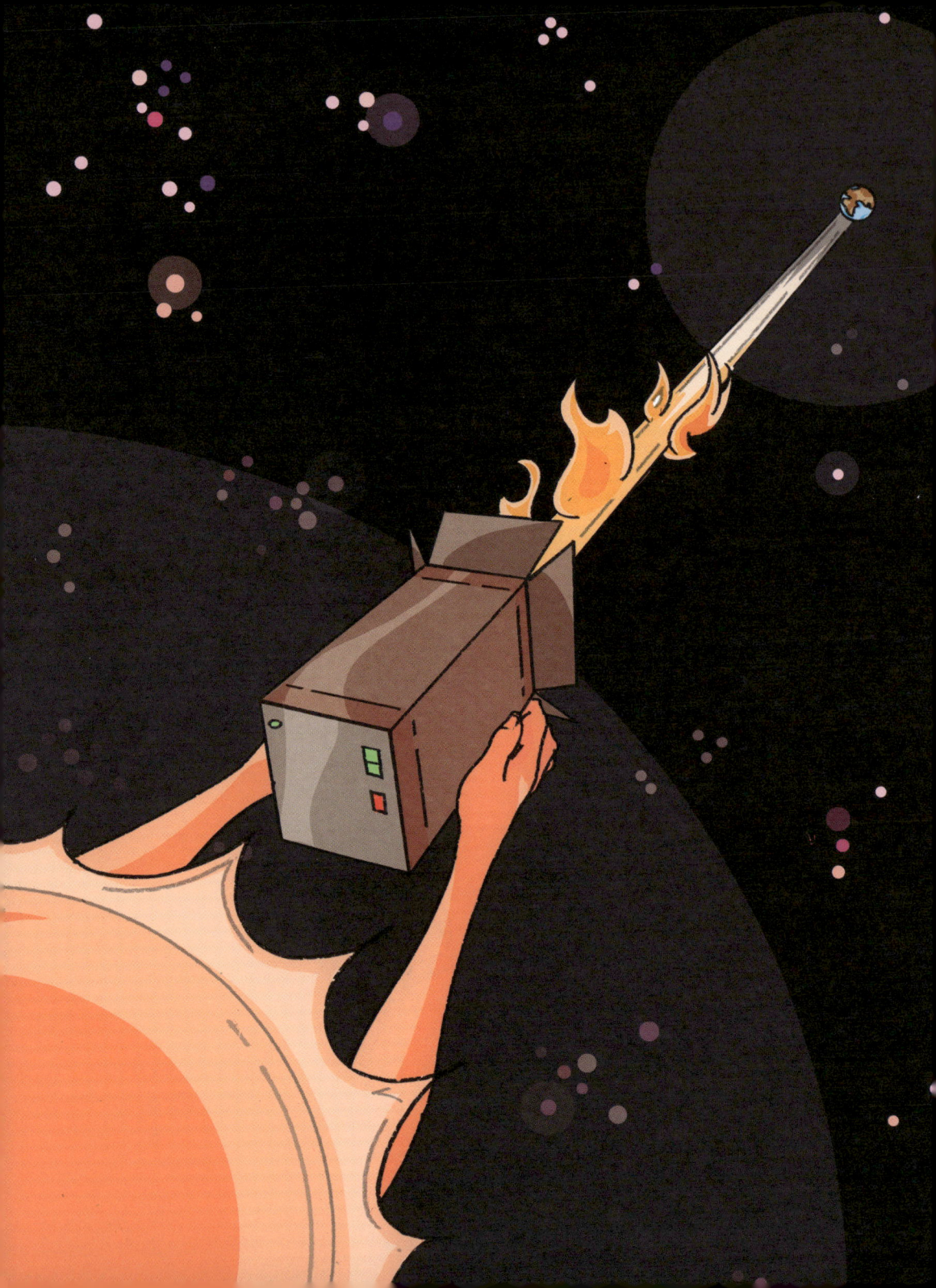

太阳是如何"加热"地球的？

▶ **和我们以为的不同，温暖我们的不是太阳的热，而是它的光。**

我们的恒星——太阳，是一个熊熊燃烧的巨大火球，表面温度可达6000℃，而中心温度则高达1500万℃。地球围绕这个距离它1.5亿千米的大火炉转动，维持18℃的平均温度。这样的温度非常适宜液态水大量存在和生命的繁衍。除此之外，温度的变化使我们能在寒冷的冬天畅快滑雪，在炎热的夏天尽情戏水。

然而，地球上这样温和的气候并不是由太阳直接引起的。热能，本质是分子和原子的热运动，它在真空中是无法进行传递的，所以太阳和地球之间是－270℃的极寒。

不过，光线能在真空中传播。它抵达地球时，将能量传递给大气和地面的分子。这些分子吸收能量后加剧运动，产生了热量而升温。正因为这样，我们的地球才如此包罗万象。

你知道吗？

大气层包裹着地球，增强了太阳的加热效果。光线通过大气层进入地球，一部分能量转化成热能，另一部分被反射回太空，又立马被大气中的某些成分拦截回地球，造成温度上升，这就是温室效应。

所有的行星
都是**坚硬**的吗？

▷ **不是。虽然地球上的地面很坚实，但有些星球完全由液态物质构成。**

行星围绕恒星转动，而它们之间的距离决定了行星的构成。距离恒星近的行星由大密度的坚硬岩石构成，距离远的行星虽然也有坚实的表面，但它们的组成部分不是岩石而是水冰、甲烷冰或氮冰。

在这两种极端之间，还存在着气态巨行星。我们太阳系里有四个：木星、土星、天王星和海王星。它们由轻元素构成，主要是氢和氦。理论上，我们可以直接从它们内部穿过。但实际上，任何人都无法承受下潜带来的巨大压强。

气态巨行星表面包裹着大气，穿过大气，内层的流体更厚、更重也更炙热。其温度和压力难以想象。1995年"伽利略号"探测器释放出一枚大气探测器，加速进入木星大气层，但探测工作只持续了57分钟就被迫终止，最后解体。

由于缺乏准确测量，这些气态巨行星的内部依旧是未解之谜。

对了，地球是如何诞生的呢？答案见第53页。

你知道吗？

气态巨行星内部隐藏着一个由岩石和金属构成的内核，但温度高，承压大，天文学家认为该内核可能是流体。

外星人
真的**存在**吗？

▶ **应该是真的，只是我们不知道他们在哪里。**

仅在银河系，天文学家就发现了100多颗宜居行星在围绕其他恒星运行，上面有一切有机化学必不可少的碳基分子，它们也是地球生命所必需的蛋白质、碳水化合物和脂类聚合的基础。

研究数据表明，我们很可能不是宇宙中唯一的生命。在别的星球，也许有外星生命，包括类似人类的智慧生命。他们如果真的存在，那么为什么没有联系我们呢？

可能有很多原因：也许外星生物的通信技术还不够发达；或者它还没能给我们发送信息就耗尽储备，迷失在了无垠的宇宙中；又或者信息还在路上，因为路途遥远，数千年后我们才能收到；还有可能信息已经传到我们这儿，但由于两种文明大相径庭，我们压根没有识别出来。

对了，如何知道一个星球上是否有生命呢？答案详见第91页。

你知道吗？

外星人究竟长什么样？他们的身体恐怕得是对称的，这样移动时才不需要转来转去。他们的体型大小取决于他们能承受的重量，而这又是由他们星球的质量和引力所决定的。

体型大的需要骨架和有关节连接的四肢来活动和适应环境，剩下的就靠你们自己想象了。

宇宙究竟有多大？

▶ **宇宙可观测到的部分是一个半径为450亿光年的球体，但观测不到的部分是无限的。**

宇宙可观测到的部分包括人类用天文仪器所能探测到的一切。目前，最先进的天文望远镜捕捉到了130多亿年前形成的第一代恒星发出的光。

这些光花了这么长时间抵达地球，我们据此可以推测出宇宙可能是一个以地球为中心，边界距地球130亿光年的大气泡。但这还没有考虑到宇宙的膨胀因素：自大爆炸以来，宇宙一直在膨胀，其中的星系也在不断地远离彼此。它们之间的距离在大约100亿年内翻了一倍。

在这些古老恒星的影像离我们越来越近的同时，它们自己却离我们越来越远。最后，可观测到的宇宙就变成一个更大的球体，它以地球为中心，囊括了所有物质。球体的极限，也就是宇宙的边界，距我们大约450亿光年。外星人可观测到的宇宙又是另一个同样大小的气泡，只不过是以它们为中心的。

你知道吗？

在可观测到的宇宙之外还有什么？天体物理学家用一系列数学公式来描述宇宙，依靠这些描述所构建的模型，我们就有可能纵览无垠太空。

谁给月亮画了
一张脸？

▶ **我们的这颗卫星表面并非光滑均匀，岩石的颜色和不同的地貌给它投上了阴影。**

当月球沿椭圆形轨道运行到近地点，又恰逢满月时，这些阴影就清晰可见。这张大圆盘上的"五官"轮廓取决于我们观测月球的纬度。

在北半球，我们的确能辨认出一双仰望着的眼睛、一个鼻子和一张微笑着的嘴。不得不说，我们的视觉系统就是为识别各种形状而生的，它天赋异禀，能辨认出各种面孔。

月球上的大面积浅灰色区域长期以来都被当作是水域，所以我们用"海"来给它们命名：云海、静海、澄海……十分具有诗意。

其实，这些阴影是较为低洼的平原，由月球火山喷发出的深色岩浆填充而成。与月海毗邻的高原则明亮得多，这是因为其岩浆岩的含量较低。

对了，月相是怎么形成的呢？答案详见第9页。

你知道吗？

不管是否被太阳照亮，月球总是用同一面对着地球。在我们看不到的月球背面，月海较少。由于暴露在陨石下，月球背面布满了直径几毫米到几百千米不等的陨石坑。

星座是怎么命名的?

▶ **天鹰座、天龙座、大熊座……几千年来，天文学家一直在给天空中的恒星命名。**

同一个星座的恒星并不一定靠得很近：两颗恒星有可能看上去彼此相邻，其实一颗很亮很远，另一颗虽然较暗却近得多。人们在视觉上自然就把这些相邻的两点连成线，并想象成熟悉的图案：狗、猎人、蟹、船……各种文明都这样给星星命名。从岩石上的壁画可以推断出，这种爱好从史前就开始了。

之后，美索不达米亚、中国、阿拉伯世界和希腊等西方国家的天文学家一直致力于区分相近的星群，以便在不同季节都能在天空中分辨出它们。

自1928年以来，国际天文学联合会明确规范了星座的边界和命名。官方图谱中确认了88个星座，其中，将近一半的命名来自古希腊和古巴比伦天文学家。

你知道吗?

猎户座是最受欢迎的星座之一，七颗璀璨的恒星呈现出蝴蝶结的形状，使它尤为容易辨认。在希腊神话中，高傲自大的猎人奥利安①曾夸下海口称自己可以捕获一切猎物，最终却被一只蝎子蜇死。所以在天空中，猎户座从不会和天蝎座同时出现。

---

①猎户座的拉丁学名为Orion，与奥利安（Orion）同名。——译注

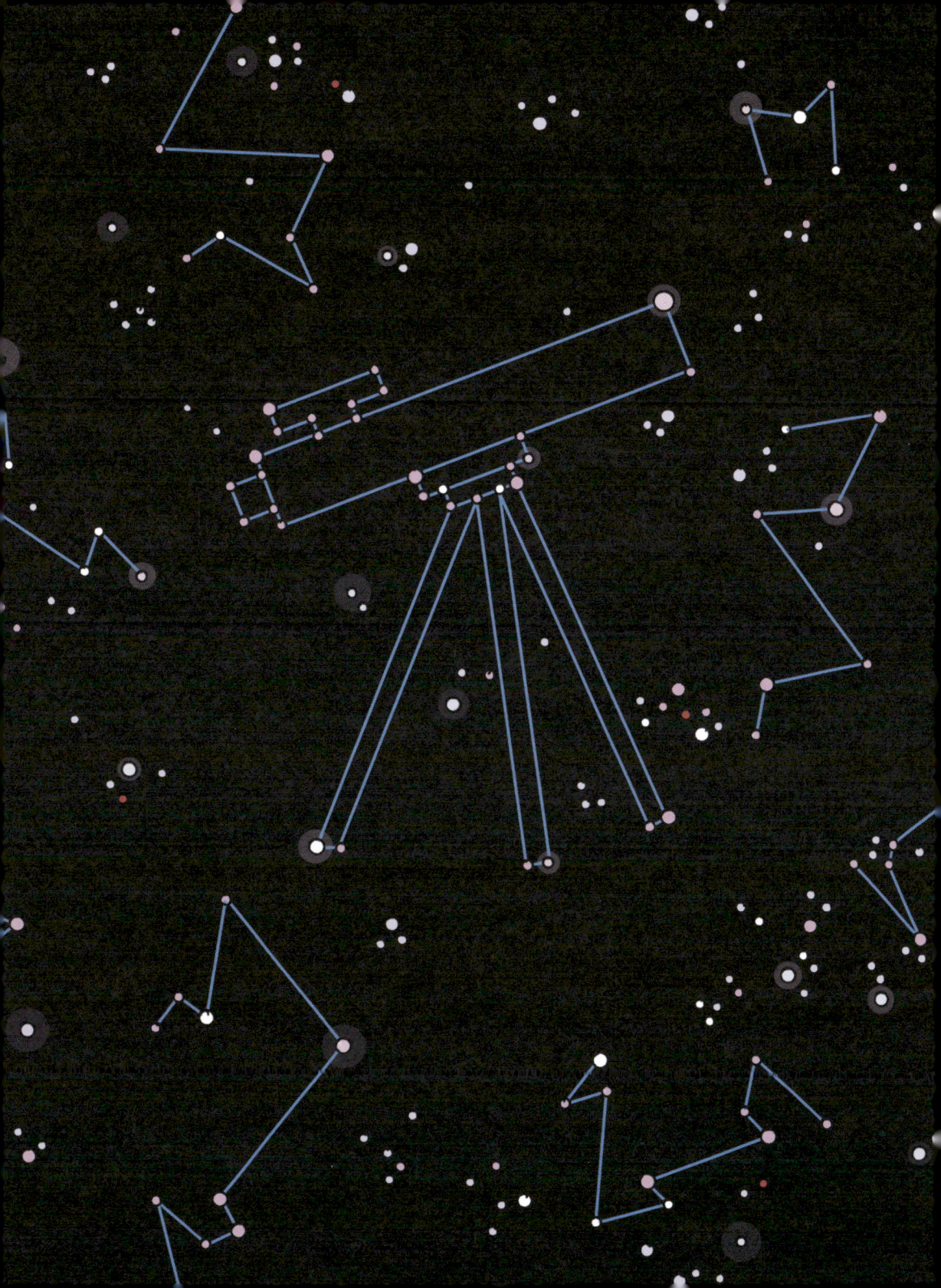

真空中真的
什么都没有吗？

▶ **事实上的确是这样，群星之间只存在低密度的气体。**

真空是一个理论概念。实际上，宇宙中充满了物质。因为我们所生活的星球包裹着厚重的大气，所以宇宙中其他物质的密度在我们看来是极低的。

地球上，1立方厘米大气里就有1000亿亿个分子。我们头顶上这种挥发性物质的海平面气压大约为100千帕。距离地表越远，压力就越小。在月球上，这种压力会小到只有地球上的一万亿分之一，在1立方厘米的大气里就只有1000万个分子。

星系当中，群星之间，物质集中在满是氢元素的云层里，其中还有诸如碳、氧等较重元素的痕迹以及一些复杂的分子、灰尘和微小的水冰颗粒。在这些云层中，1立方厘米里只有几千个分子。而在宇宙中最稀薄的地方，1立方厘米里仅仅只有1个原子，这是多么孤单啊……

对了，为什么人在太空中是飘浮着的？答案详见第13页。

你知道吗？

如果不穿航天服，直接进入星际真空会怎么样？作为保护壳，航天服的主要作用是保持航天员身体周围的压力平衡。没有它，体液会被蒸发殆尽，肺部缺氧会使航天员在几秒钟之内窒息，进而死亡。

太阳是怎么在大白天里消失的?

▶ **这是个简单的捉迷藏游戏。月球运行到地球和太阳之间，遮住太阳时，便产生日食。**

但是太阳比月球大得多，怎么能藏到月球后面消失不见呢？这是个有趣的巧合。太阳比月球大400倍，但与地球的距离比月球远400倍。一个简单的几何运算就能得出，如果太阳、月球和地球刚好运行到一条直线上，月球便可以完全遮住太阳的可见直径。

从地球上看，我们的卫星和恒星似乎都在围绕我们运行。如果它们在同一个平面上沿轨道运行，我们就可以在每次新月时欣赏到日食，因为每当这时候，月球都会移动到地球和太阳之间。但事实并非如此，更多时候，月球会运行到太阳上方或下方。所以只在某些新月时月球才会遮住太阳，大约每隔6个月一次，每次持续几分钟。

此外，如果想观赏日全食，地表观测点和两个天体要完全处于一条直线上。否则，我们总还是能看到一小部分太阳。在中国，下一次日全食将会出现在2034年3月20日，但只在西北少数地区能看到。

你知道吗？

当地球运行到月球和太阳之间，三个天体恰好处于同一条直线上时，地球就会阻挡太阳光，不让它照亮满月。地球的阴影会投射到月球上，持续几个小时，形成月食。

彗星的*尾巴*里有什么?

▶ **里面主要是彗星靠近太阳时留下的气体和尘埃。**

彗星是高度不规则的巨型"脏雪球",其直径从几百米到一万多米不等,以每小时几千米甚至数十万千米的速度围绕恒星运行。由于它们的轨道不是圆形而是很长的椭圆形,所以运行轨迹把它们从太阳系寒冷黑暗的边缘带往温暖明亮的中心。

但它们的日子并不好过:它们被太阳风侵袭,被恒星的质量吸引,又被其辐射排斥,之后因为过热开始瓦解。在它们周围,大量碎片形成了彗发[①]。

同时也产生了彗星身后的拖痕,这些拖痕出太阳光下闪耀的尘埃和氢气、一氧化碳等气体组成。

明亮的彗尾可以延伸至几千万千米之外,从地球上肉眼就可见,蔚为壮观!

对了,流星是什么?答案详见第6页。

你知道吗?

2014年,一架名为"菲莱"的探测器首次从彗星表面传回照片。历经长达10年的飞行后,它首次登陆"丘留莫夫-格拉西缅科"彗星的彗核表面,以探测分析其组成成分。

---

①彗星分为彗核、彗发、彗尾三部分。彗发是彗核周围的云雾状光辉。——译注

如何利用
星星**导航**？

▶ **这需要测量空中星星的高度。**

想象一下，有一天，你在一个陌生的地方醒过来。如果发生在夏天，你发现太阳在地平线上的位置很低，而且很晚才落下，你就可以推测出此时你在北极附近。

天文导航的原理是这样的：从地球上的不同地方看向天空，天空所呈现出的模样是不同的。通过六分仪①，可以测量某些用作参照物的星星离地平线有多高，例如月球、金星、太阳和其他发光的恒星。最好是在黎明或黄昏进行观测，这样就能精准定位多个天体并同时看到地平线。

麻烦的是，一年当中，星星在天空中的轨迹一直在变化。

比如，夏天，太阳在天空中的位置更高。一旦确定了星星的位置和准确的时间，接下来就需要一个星历，列出它们在一年中每一天的位置。再借用一些数学公式，就可以推算出你在地图上的位置。

你知道吗？

候鸟会利用太阳的位置来确定方向，甚至可以根据一天中不同时间太阳的位置来修正自己的定位。对蓝夜莺的实验表明，这种鸟类能利用星空的转动来确定自己的迁徙方向。

①用来测量两个目标物体之间水平夹角的光学仪器。——译注

太阳系
里行星有几颗？

▶ **如今官方确认的有8颗，但情况非一成不变。**

纵观历史，天文学家判定的行星从5颗到12颗不等。负责给星体命名并划分类别的国际天文学联合会在2006年重新规范了行星的定义。太阳系的行星必须满足三个条件：

首先，得围绕太阳运行。我们的天然卫星——月亮，就不属于这一类。

其次，要足够大，接近球体。彗星、小行星或尘埃就被排除在外了。

最后，必须能清除其轨道，要么扫除其他天体，要么吸引它们成为其天然卫星。

只有8个天体满足这些条件。

按照与太阳的距离从近到远排列，它们分别为水星、金星、地球、火星、木星、土星、天王星和海王星。正好8颗。

你知道吗？

冥王星曾经是太阳系的第九大行星，但2006年被降级，因为它与柯伊伯带上的其他冰物质共享轨道。现在，它被列为矮行星，这个家族目前有5个成员，但最终可能会包括数百个。

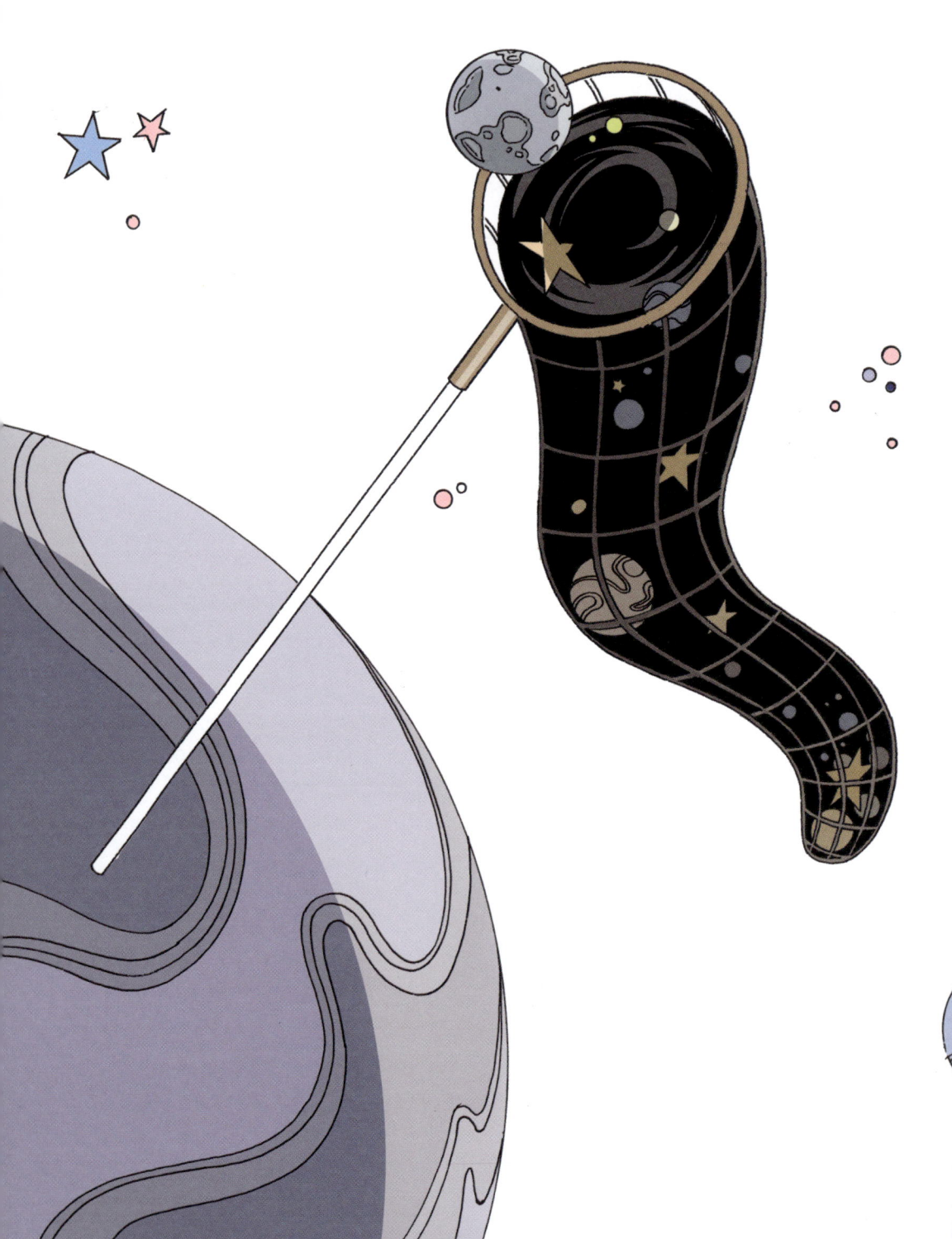

我们会**掉入**黑洞里吗？

▶ **理论上，如果我们靠得太近，的确会。所幸，它们对我们并没有威胁。**

黑洞是一个密度非常大的物体，在一个相对小的空间内聚集起巨大的质量。如果想要把地球变成一个黑洞，得把它挤压成弹珠那么小！

像所有天体一样，黑洞对其周围的物体有吸引力。宇宙飞船如果靠近它，会感受到被它的引力吸引，但只要和它保持距离，就能加速远离它，这对飞船来说要安全得多。

实际上，黑洞被一种叫作"事件视界"的虚拟边界包围。在这个无形的边界之外，引力是如此之强，以至于没有任何东西可以逃脱，甚至连光也逃脱不了。这就是叫它"黑洞"的原因。

理论家表示，如果跨越这个边界，不知道会发生什么。撞击能量墙时被蒸发？跌向黑洞中心时像面条一样被拉长而致命？被冻结在时间中，感觉什么也没有发生？幸好，我们的星球附近没有发现黑洞。

对了，平行宇宙真的存在吗？答案详见第99页。

你知道吗？

和大多数星系一样，我们的银河系中心也有一个超大黑洞，被称为人马座A，它的质量是太阳的400万倍。

它距离地球有28000光年，太远了，所以不会有什么危险。

为什么太阳
落山时是 红色 的?

▶ **这是因为太阳光在穿过大气层时，其他颜色已经被散射掉了。**

当太阳在我们头顶上照耀时，我们看到的是已经垂直穿过大气层的光线。这是太阳光到达我们眼睛的最短路线，也是对太阳光影响最小的路线。

光线穿过大气层时，遇到气体分子会发生偏移，但并不是光的所有成分都会受到影响。

实际上，太阳的白光混合了彩虹所有的颜色，而云中的水滴可以将它分解成七色。大气粒子也有同样的效果：它们大量散射紫光，蓝光次之，绿光和黄光更少，橙光和红光最少。

光线越红，被大气层散射得就越少，能笔直穿过大气的可能性就越大。

当日出或日落时，太阳在地平线上的位置很低，阳光斜穿大气层才来到我们面前。在这漫长的路途中，它要经历大量散射。只有红光没有受到太多干扰，顺利抵达，因此太阳呈现出了红色。

你知道吗？

太阳光波中的蓝光受大气影响很大，这就是天空呈现蓝色的原因。我们看到太阳时，这种蓝光已经被散射掉了，所以太阳呈现出的不是白色而是黄色。

地球是如何诞生的?

▶ 它诞生于太阳形成后围绕其转动的尘埃。

45.7亿年前,太阳系,包括我们的恒星太阳和它周围的一切,从一团不断坍缩的巨大气体云中形成。其中大部分物质向中心聚集,恒星被点亮,其余的继续围绕恒星转动,形成一个圆盘,当中的物质根据密度分布:密度大的距离太阳近,密度小的则在星系边缘。

一些残留物质借由碰撞不断聚合,形成了小行星。它们积聚了越来越多的物质,不断变大。就这样,45.4亿年前,在距太阳1.5亿千米的地方,地球诞生了。这是一个主要由硅、碳、铁元素组成的多岩石、高密度行星。

起初,小行星的碰撞帮助了地球的进化,使地表升温。地球内部也变得结构化。

熔融的金属元素流向中心形成地核,液态铁在地球自转的作用下形成了地球磁场,它可以保护地球上的生命免受宇宙粒子的侵害。

你知道吗?

大约38亿年前,当适宜的温度、充足的水和有利于生命的化学物质,例如氢、甲烷、氨等,像鸡尾酒一样叠加在一起后,地球上最早的生命形式——细菌就产生了。

星星会相撞吗?

▶ **在不断运动的宇宙中，这种意外时常发生，有时甚至蔚为壮观……**

天体就像无人驾驶的赛车，在宇宙中飞驰。小行星以每小时数万千米的速度前进。它们的运动轨迹有时并不规则，且速度也不尽相同，所以小行星时常接连相撞也就不奇怪了！一些小行星还会撞上更大的天体，比如地球。

尽管行星之间这种碰撞事故比较少，但也并非井然有序。45亿年前，月球的形成就是两颗行星撞击的结果。

至于恒星，它们也会危险地靠近，甚至落到别的恒星里面，融为一体，释放出高能量的伽马射线，成为宇宙中最剧烈的现象之一。

2022年，人类就观测到天鹅座的两颗行星发生了相撞，爆发出红色的亮光。

对了，天会塌下来吗？答案详见第65页。

你知道吗?

众多的星系也会相遇。我们的邻居仙女座正以超过80000千米/时的速度直奔银河系，它们应该在大约40亿年后开始互相渗透。在潮汐效应影响下，太阳系可能会被银河系扫出门外……但到那时候，恐怕已经是真正的日暮途穷了。

人类有可能在太阳系的其他地方生活吗？

▶ **对人类来说，在太阳系的另一个星球上生存可能会非常复杂，但其他生命物种也许能在那里繁衍生息。**

坚实的土壤、水、适宜的温度、可供呼吸的大气，太阳系中除地球之外没有其他任何一个星球具备人类生存所需的所有条件。月球和水星没有大气层，金星的温度高达460℃、大气压力过高，火星上没有液态水，巨行星是气态星球，而且它们的卫星上全是冰。没有哪个星球的大气层有足够氧气供人类生存。

然而，有些生命物种已经适应了这些极端条件。在地球上，我们能在极地冰盖下或海洋表面以下数千米的热泉附近找到细菌的踪迹。但在火星上，对于生命的探寻迄今仍一无所获。

多年来，一些外空生物学家对木星的卫星欧罗巴感兴趣。在其咸水海洋的浮冰下，在热泉附近，一种未知的生命可能已经繁衍。谁知道呢？

你知道吗？

人类如果在别的星球重新创造了宜居条件，肯定可以移居地球之外。有人设想对火星进行地球化改造。这需要向大气中释放温室气体，使之升温，同时种植植被，以增加空气中的氧气等的含量。就目前而言，这个设想还停留在科幻小说中。

月球是否会影响地球？

▶ **我们的这颗卫星对地球系统有很大的影响，但并不像我们想的那么大。**

就像宇宙中所有相邻的巨大天体一样，月球和地球彼此之间有强大的吸引力，正是这种引力使得月球围绕地球运行。反过来，引力也在发挥作用。月球的存在影响着地球的运动。如果没有月球，地球围绕太阳转动时会晃得很厉害，像一个不稳的陀螺。

月球稳定了地球自转，并根据四季的变化主导阳光和热量在地球上的分布，调节我们的气候，尤其是冰河时代更替的速度。

就人类生活而言，月球的主要影响是对海洋的引力，它吸引覆盖地球表面71%的液态水，从而引起潮汐。每当满月和新月时，潮汐最大。如果此时步行去钓鱼，最好穿上靴子。

太阳会
一直 发光吗？

▶ **并不会，太阳将在超过50亿年后熄灭，但没有人能看到这一幕。**

和宇宙中的其他恒星一样，太阳从自身内部的核聚变中获得光能，其中的氢原子融合形成了氦原子。如今，太阳质量的四分之三都是氢，每秒钟会消耗6.27亿吨氢。

计算结果表明，太阳的寿命已经过半。在大约50亿年后，其核心所有的氢将被转化为氦。通过核聚变反应，太阳会变成红巨星，比现在的黄矮星大100倍。它将吞噬水星和金星，并把地球变成一片烧焦的荒漠。

富含氢和氦的太阳外层逐渐被抛射到宇宙中，红巨星的核心将收缩，温度进一步升高，氦核融合，产生越来越重的元素：碳、氮、氧等。

之后它将成为一个微弱的白矮星，逐渐暗淡，直至成为一个黑矮星。

对了，太阳是一颗普通的恒星吗？答案详见第78页。

你知道吗？

太阳在衰亡过程中释放的物质会形成巨大的气态云，使星际空间产生更加丰富的物质，并终有一天形成新的云层，诞生新的恒星。

肉眼**可见**最远的 天体是什么?

▶ **这完全取决于你的视觉敏锐度和大气条件,但不管怎样,答案是:星系。**

庞大的恒星群散落分布在直径为数千光年的巨大圆盘上,星系就成了人类肉眼可感知到的最遥远的天体。

在北半球的晴朗夜空,我们可以分辨出与仙女座同名的椭圆星系盘——仙女星系。然而,这个银河系的近邻距我们有250万到300万光年之远!1000多年前,波斯人就已经把它描述成"小云"。它由近1万亿颗恒星组成,分布在一个直径比银河系宽一倍的圆盘上。

仙女星系也是肉眼可见的最大天体:它的视直径是月球的6倍。用一台入门级天文望远镜,甚至可以观赏到它的旋臂。如果天气条件足够好,还可能看到三角座星系。虽然它只比仙女星系稍远一点,但亮度则低得多,只有眼锐如鹰才能看到。

对了,为什么用光年来丈量宇宙空间?答案详见第69页。

你知道吗?

在北半球抬头看,你能轻易辨别出呈W形的仙后座。

位于W形右侧顶端的恒星就是仙后座ρ星。它距离地球大约8000光年,是肉眼可见的最远的恒星。

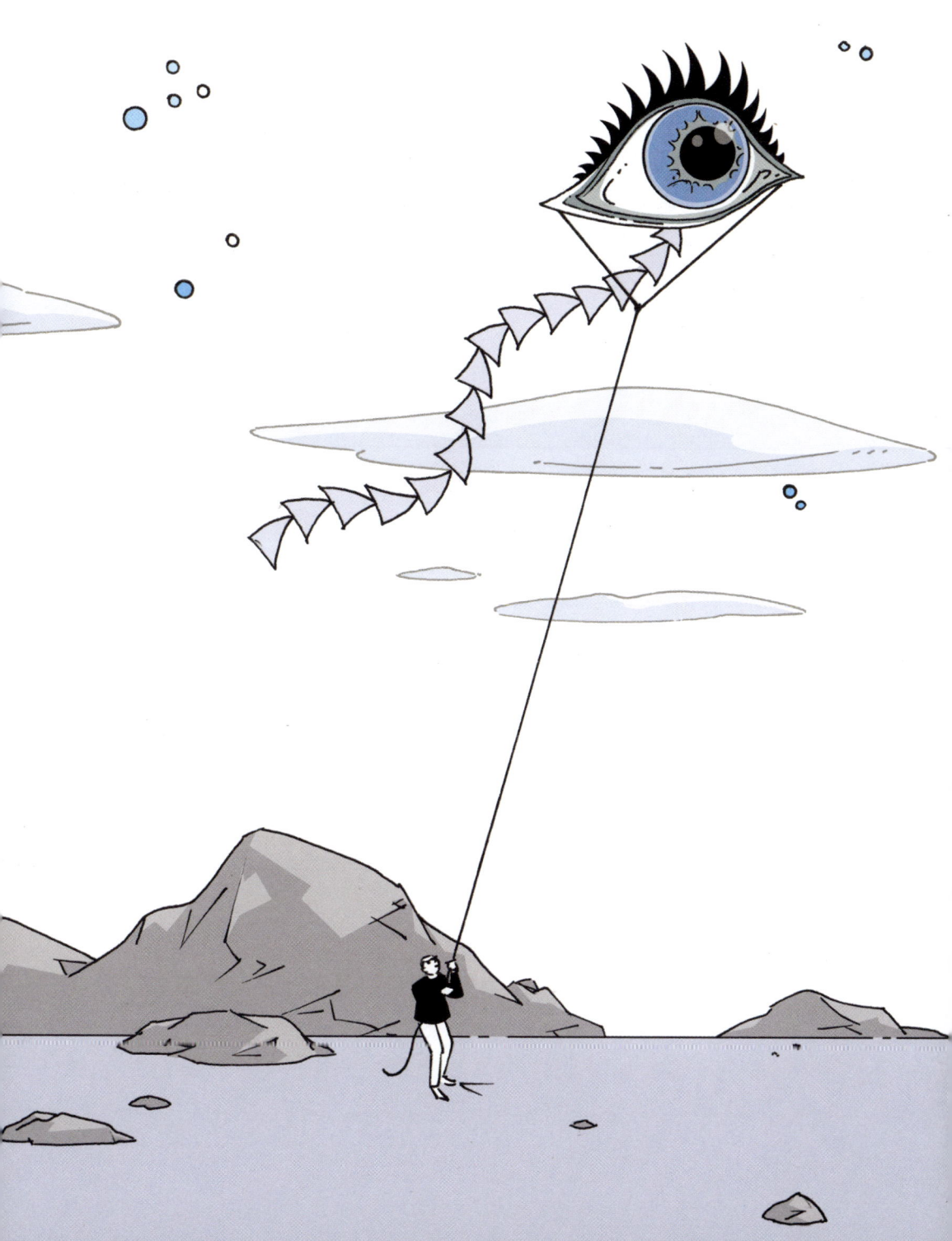

天会**塌**下来吗?

▶ **会，甚至每天都在发生。**

在我们的头顶，太阳系中巨大的岩石星体四处飘浮，其中有数十万颗在火星和木星之间的带状区绕太阳运行，其他星体则在不规则轨道上游走。那些靠近地球并有可能撞击它的被称为近地天体。

幸运的是，大部分近地天体直径都较小，在穿越大气层的过程中就已经解体，只在地球上留下些许尘埃。它们的质量通常超过15000吨，但只有大的碎片才真正危险。6500万年前，一颗直径1万米的小行星撞击地球导致地球物种大规模灭绝，包括恐龙。

2013年2月，一块直径17米，重达7000吨的岩石在俄罗斯车里雅宾斯克市上空3万米处爆炸，爆炸的威力是广岛原子弹的20倍，导致建筑物倒塌，超过1000人受伤。

因此，可能落到地球上的近地天体都会被详细记录并受到密切监测。目前，还没出现可能造成另一场全球性灾难的巨无霸。

你知道吗?

如果地球受到一个近地天体威胁，那该怎么办？

如果它很小，我们可以转移相关人口；但如果它较大，可以考虑在上面放置一个探测器，利用发动机的推力使它偏离轨道。

天文学和星相学有什么**区别**？

▶ **前者是一门科学，后者是一种极具争议的……信仰。**

天文学家试图了解星体的构成，以及它们存在的原因。为此，他们采取了科学的方法。

在提出假设之前，天文学家会观察星体的外观与运动，然后总结出星体运动的规律，并预测星体的演变。继而，他们用实验和新的观察来检验假设。如果实验和观察结果与他们的理论不一致，那些理论就会受到质疑。这种方法确保了天文学知识的准确性。

星相学是一种信仰。根据星相学家的说法，天体现象预示着地球上即将发生的重大事件，例如，彗星出现预示着一个新王即将登基或一场灾难即将降临，日食预示着一场战争即将爆发等。星相学家还认为，天空中星星的排列会影响人的性格和命运。但这些预测从未被证实是真实、准确的。

你知道吗？

摩羯座、双鱼座、白羊座、巨蟹座……理论上你的星座与你出生那天太阳所在的星座相对应。尽管从古代起，星空就一直在变化，但星座的日期是固定的。现在，你如果在5月初出生，就会被贴上金牛座的标签，但其实这时候太阳从白羊座升起。

为什么用 光年 来丈量宇宙空间?

▶ 宇宙空间太辽阔了，无法用米作为度量单位。

因此，要使用长串的数字来描述宇宙。例如，太阳大约离我们1.5亿千米，而离太阳系最近的恒星——半人马座阿尔法星离我们比太阳离我们还要远30万倍。

与它的名字不同，光年不是时间单位而是长度单位。它表示光在真空中一年所走的距离。在17世纪，科学家们意识到光不是瞬时传播，而是以一定的速度传播。根据爱因斯坦的相对论，没有什么能比光跑得更快。因此，它是测量宇宙空间距离最合适的参照物。

光 秒钟大约可以跑30万千米。准确地说，一年总共可以走9.461万亿千米。

换算下来，半人马座阿尔法星距离地球就只有4.2光年。这个数字就简单多了。但离我们最近的仙女星系，距我们依旧约有250万光年之遥。

对了，为什么天文望远镜可以看得这么远？答案详见第97页。

你知道吗?

为了了解太阳系内部的间距，我们把地球和太阳之间的距离看作一个基本单位，称为天文单位（A.U.），它大约为1.5亿千米。因此，地球距太阳1天文单位，火星距太阳1.5天文单位，木星距太阳5.2天文单位。

谁登陆过月球？

▶ **迄今为止，有12人登陆过月球。但这已经是几十年前的事了。**

1961年，美国启动了"阿波罗"计划，目的是将人类送上月球。为了实现这一目标，美国国家航空航天局（NASA）花了8年时间准备。

1969年7月21日，尼尔·阿姆斯特朗首次踏上月球，并说出了那句名言："这是个人的一小步，却是人类的一大步。"

他和他的同事巴兹·奥尔德林在月球上插了一面美国国旗，并在月球表面行走了2小时30分钟，之后重返登月舱。第三名宇航员驾驶航天飞机在轨道上等待，接他们回登月舱。所有人都安全返回了地球。

在1969至1972年间，共完成6次"阿波罗"登月任务，其间12名宇航员登陆月球，在月球上设立了测量站，并带回约382千克月岩。

但在那之后，人类只在国际空间站、苏联空间站和中国空间站执行任务，这些空间站在220千米至420千米的高度绕地球轨道运行。

对了，如何才能成为一名宇航员？答案详见第82页。

你知道吗？

在太阳系中，除了地球和月球，人类还从未踏足过其他天体。出于成本和安全的考虑，只有探测器和自动月球车登陆过其他星体，包括火星、金星、土星的天然卫星泰坦、两颗彗星和三颗小行星。

天上所有亮点 都是恒星 吗？

▶ 它们通常是恒星，但也有其他许多发光天体照亮夜空。

因为反射了太阳光，月球成了夜晚的主要"光源"。在它周围，有几千颗恒星闪耀，天空中绝大部分的亮光就来自它们。

但也有一些例外。太阳系中的6颗行星反射了大量太阳光，所以在夜空中可以看见。最亮的是金星，也叫"牧羊星"，其次是木星，然后是泛红的火星、土星和最微弱的水星。

肉眼还可以观测到两三个星云，例如人马座的三叶星云。这些气体云团弥漫开来，可以发光或反射附近恒星的光。如果你看到一个椭圆形的物体，它可能是在地球上可以看到的那两三个星系之一。

一些近地天体也可以照亮天空，例如拖着半透明彗尾、十分有辨识度的彗星，或是稍纵即逝的流星。

你知道吗？

除了天体之外，许多人造物体也点缀了星空。飞机的信号灯在天空中绘制出飞行轨迹，人造卫星反射太阳光，每天早晨或傍晚更清晰可见。

但是，国际空间站才是继太阳和月亮之后天空中最亮的"星"。

北极光
是怎么产生的？

▶ **当来自太阳的粒子撞击大气层，这些彩色的丝带就在天空中亮了起来。**

太阳持续释放带电物质，形成太阳风。这些主要由电子和氢组成的粒子流，不断地掠过地球。幸好，地球有一个可以自我保护的秘密武器：地核中的液态铁在其周围形成了一个无形的磁场，使粒子流发生偏转，防止它们穿透大气层。

尽管有磁场的保护，太阳粒子依旧可以通过缝隙进入大气层。如果这些缝隙扩大，或者太阳爆发出更强的风暴，粒子流就会穿透南北两极的大气层，使遇到的气体通电。

高能的大气分子通过发光来释放能量：大多为绿色，但也有黄色、蓝色和紫色。极光能在天空中活跃几分钟到几小时不等。

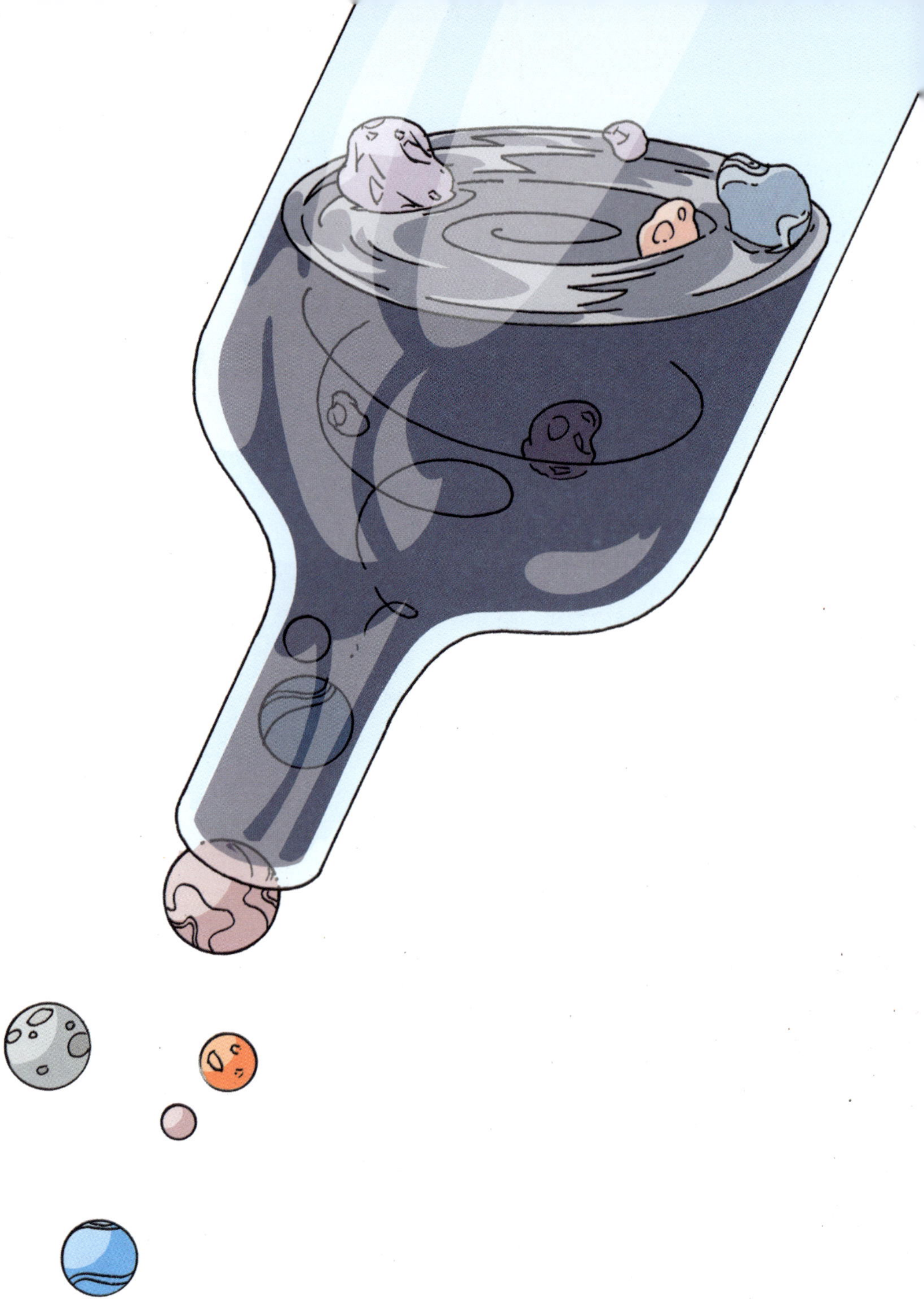

为什么行星是圆的？

▶ **重力就像陶艺师的手，将行星塑造成一个球。**

宇宙中的所有天体都对周围的一切施加引力，它们自身就是通过吸引尘埃颗粒和碎石形成的。在地球上，地心引力使我们的脚牢牢地踩在地上。

这种引力也施加在山脉、海洋和天体本身的一切事物上。只要天体的质量够大，引力就能把较重的元素拉向中心，把较轻的元素留在表面。于是，行星的内部呈现出分层结构，像金属这种密度大的就聚集在中心，外围则包裹着较轻的地壳，不平的地表会变得平坦，最后整体大致呈圆形。

如果星体的直径超过400至600千米，即月球直径的十分之一，就会出现这种现象了。而较小较轻的物体，其质量不足以让重力打破岩石的刚性，改变其形状，例如小行星就保留了它们不规则的形状。

对了，所有的行星都是坚硬的吗？答案详见第29页。

你知道吗？

事实上，我们的地球并不是完全规则的球体，它像陀螺一样自转，因为两极扁平，赤道附近隆起。山脉形成波峰，海洋形成波谷。这样看来，地球其实更像一个土豆！

太阳是一颗普通的恒星吗？

▶ 我们的这颗恒星是银河系中一颗相当普通的黄矮星。

太阳是离地球最近的恒星，因此也是我们最了解的一颗。1959年以来，已经有14个探测器近距离观测过它。尽管对我们来说，它是独一无二的，但宇宙中和它类似的恒星还有很多。它们被归类为矮星，其中最大的是太阳质量的100倍，最小的则只有太阳质量的1/10。

尽管不是无与伦比，但太阳也并非平平无奇。它比一般的恒星更亮，温度更高，表面温度约为6000℃，呈黄色偏白。银河系中大约85%的恒星是红矮星，表面温度低于4000℃。

太阳的不同还在于它"特立独行"。宇宙中一半以上的恒星生活在多个系统中，或成双成对地相互绕行。而太阳被8颗行星包围，这算很多的了。在银河系中，平均每颗恒星拥有1.6颗行星。

对了，太阳会一直发光吗？答案详见第60页。

你知道吗？

肉眼观赏日出和日落是没问题的，但如果没有佩戴特殊的护目镜，千万不要在白天看太阳，即使它被云层或因日食遮挡住一部分。太阳光会使视网膜升温并受损。用双筒望远镜或没有滤镜的长焦镜头观测太阳，甚至会导致失明！

为什么有时能在
大白天看到月亮?

▶ 万有引力使月球在我们头顶昼夜不停地围绕地球运转。

与我们想象的相反,月亮和太阳在天空中并非轮流出现。从白天到黑夜,太阳的升起和落下的时间变化很小。

而月亮出现的时间则不太规律。它围绕地球运转的周期约为27天,出现的时间平均每天延迟52分钟。

于是,有时月亮在傍晚时分出现,并整夜挂在天空。但第二天,它大约会晚一个小时升起和落下……就这样,十几天后,它会在清晨升起,在傍晚落下,就像太阳一样。由于它的表面很亮,而且距离我们很近,所以可以在大白天观赏到它。

在白天是永远看不到满月的,因为这种月相只有当月亮运行到太阳正对面时才会出现。所以,当地球上没有被照亮的那一面正值夜晚,我们才能看到这一幕。白天看到的月亮,正处于新月到满月的渐盈阶段;如果是晚上,则刚好相反,是满月到新月的渐亏阶段。

你知道吗?

月亮这轮玉盘有时会显得异常大,这是当月亮处于地平线低处时,人们出现的一种错觉。我们的大脑将其直径与附近的房屋或树木进行比较,所以觉得月亮是一个非常大的物体。

如何**成为**
宇航员？

▶ **有意向者需要在航天机构招募时提出申请，前提是有良好的身体素质。**

目前世界上有100多名现役宇航员，他们当中许多人正在接受训练，为进入太空做准备。可供职位很少，因此选拔十分严格。欧洲航天局、美国国家航空航天局和俄罗斯联邦航天局等航天机构负责雇佣和培训宇航员。这些机构也会不时地组织招募。

成为一名宇航员需要有完美的身体和心理条件：极佳的视力、灵活的关节、强大的心脏和稳定的心理。有意向者要接受一系列的心理测试，以评估他们在团队工作和集体生活中的能力。最重要的是，在任何情况下都要保持头脑冷静。

他们还必须接受过良好的教育，在航空工程、物理学或医学等领域受过专业训练，并具有数年科研经历，会驾驶飞机，能说流利的英语甚至是其他语言。

对了，我们在宇宙中探索到了什么呢？答案详见第87页。

你知道吗？

根据不同的派遣国家，这些专业人员有不同的名称。在中国，我们称他们为航天员，法国人称其为太空人，美国人则称其宇航员。

地球上的水从何而来？

▶ **地球如此湛蓝，要归功于陨石和彗星。**

45亿多年前，大量尘埃积聚形成地球时，水就已经存在了。这些原始水的大部分可能仍然蕴藏在地层深处，其余部分可能随着火山喷发而脱离岩浆岩，进入了大气中。

但这些水还不足以填满海洋。当地球还没有完全形成时，曾被富含水的陨石严重撞击。

地球也曾与全是冰的彗星碰撞。如此猛烈的撞击，加热了地表，使飞溅物中的水蒸发成水蒸气。

幸运的是，水蒸气被大气层锁住，形成了厚厚的云层，随着地球的冷却变成雨落下来。日积月累，洪水填满了整个海洋。

我们在宇宙中探索到了什么？

▶ **几乎什么都没有探索到。距离地球最远的探测器目前也只是处在太阳系的边缘。**

1944年，我们开始了太空探索。这一年，德国发射的一枚导弹达到了100千米的高度，这也是理论上地球大气的极限，超过这一高度就进入太空了。自1957年起，苏联人先后将卫星、狗、恒河猴和人类送上绕地轨道。1969年，美国宇航员第一次踏足另一个星球——月球。

人类还没到过月球以外的地方，都是由探测器来实现空间探索。其中一些探测器已经被送上了太阳系中其他星体的轨道，例如月球、太阳、金星、火星、木星……

着陆器也已经在月球、火星、金星、小行星、彗星以及木星和土星的天然卫星上成功着陆。

多个探测器正在远离太阳系。最远的是1977年发射的"旅行者1号"和"旅行者2号"。它们已经脱离了太阳的影响，进入星际空间，4万年后才会遇到其他恒星。

你知道吗？

利用天文望远镜可以观察到太阳系以外的地方，它们捕捉到的光线为我们提供了很多关于宇宙中物体的信息。

通过相关数据和公式，理论家们能模拟出宇宙的演化过程。这也是一种抽象化的天文探索……

人造卫星
为什么不会**坠落**？

▶ **其实，它们也是会坠落的，只是发射时的速度使它们能长时间待在轨道上。**

1000多颗人造卫星悬浮在我们头顶300到40000千米的高空，被火箭以每小时超过28000千米的速度推动。一旦被发射并进入轨道，这些人造卫星就会因受到地心引力的影响而产生离心力。当地心引力与离心力达到平衡时，它们就会稳定地飞行在我们星球附近，这就是人造卫星保持在高空的原因。

自1957年第一颗人造卫星诞生以来，已经发射了8000多颗。一些绕赤道运转，另一些在两极间运动，还有一些在一个固定的点上盘旋。它们对于观察地球及其大气层有着重要作用，例如预报天气，同时也可用于深入了解宇宙空间、传输图像或通信。

推进器会定期校准人造卫星的轨道。当

5到15年后，人造卫星的任务结束时，它们会进入大气层，燃烧解体。

你知道吗？

地球周围有数以亿计的碎片绕其运转。这些碎片通常是人造卫星或火箭的残骸，大小不一，小到一只跳蚤那么小，大到一辆巴士那么大。由于运行速度很快，它们可能会撞上并损坏正在服役的人造卫星。

如何知道一个星球上是否有生命？

▶ **主要靠光线。有可能据此推断出一个星球是否具有生命存在的有利条件。**

用望远镜还不足以直接观测到这些生命。至于其他星系，我们只能看到它们的恒星的光。好在一些专门研究外太空生命的外空生物学家能从这些观察中获取大量信息。

如果发现恒星的光线周期性地减弱，那是因为有行星出现。

根据亮度减弱所持续的时间，可以得知该行星的大小。根据它出现的频率，能计算出该行星和它的恒星之间的距离，从而推算出行星的温度和是否存在液态水这种生命之源。

行星经过恒星面前时会过滤其光线。通过分析光线类型，外空生物学家还可以检测到生物活动所需的典型气体，例如氧气。在一定情况下，观测到的光线还可以让人推断出该行星表面的颜色。如果地表是绿色的，意味着它可能被植被覆盖，这将是一个非常好的预兆。

对了，外星人真的存在吗？答案详见第30页。

你知道吗？

大气污染也可能是生命存在的标志。有些气体，例如我们冰箱中使用的氟利昂，只能是科技文明下的产物。

哪颗恒星离我们最近？

▶ **除了太阳，那就是4.22光年之外的比邻星了。**

比邻星原来的名字含义是"半人马座中最近的那颗星"，因为它位于半人马座。虽然它是我们的邻居，但它很难被观测到。因为这颗红矮星非常小，也不是很亮。它的质量是太阳的1/8，亮度只有太阳的1/650，而且身后有一对互相环绕的发光恒星，因此光芒被它们掩盖住了。

随着时间的推移，比邻星离我们越来越近。26700年后，它将在离我们3.2光年处与我们擦肩而过，然后开始远离。届时，另一颗恒星"罗斯248"将成为我们最近的邻居。

天文学家发现，一颗系外行星正围绕着比邻星运转。这颗被命名为"比邻星b"的岩石行星也就比地球大一点点，离它的恒星——比邻星非常近，所以温度适宜生命生存。

> **你知道吗？**
>
> 天狼星，大犬座的恒星，是天空中最亮的星星之一，亮度仅次于太阳。然而，它与地球的距离较比邻星远了两倍。在北半球的温带地区，可以在地平线上看到它的白色光辉。

宇宙中遍布星系吗?

▶ 尽管它们分布不均匀,但也差不多随处可见。

星系不喜欢孤独。它们在强大的引力作用下聚集在一起,形成了星系集合:有由少于100个星系组成的星系群,也有由多达数千个星系组成的星系团。这些星系群和星系团呈圆形或椭圆形,就像气球一样,其他的则非常不规则。

这些成员星系中质量最大的会产生巨大的引力,使其他成员围绕其运行。我们的银河系和它的邻居仙女星系影响了大约50个星系,这些星系一起组成了本星系群。

不远处是处女座星系团,它将地球上可见的大约2000个星系聚集在一起,可能还有许多其他不可见的星系。

放眼宇宙,星系群和星系团并非均匀间隔。物质在宇宙中的分布类似海绵:丝状物在密度更高的区域结合在一起,将大大的空心"气泡"分隔开,最终形成丝状结构。宇宙自诞生以来一直在膨胀,这些星系团在相互远离,"气泡"也在膨胀。

你知道吗?

星系团的中心,常由巨大的"食星族"星系统治着。它们通过吞噬非常接近的小型星系而不断扩张。

天文望远镜
怎么能看得那么**远**？

▶ **由于曝光时间长，这种仪器能捕捉到非常弱的光。**

美丽的天文望远镜啊，请告诉我……今晚哪颗星星最美丽？没错，这个仪器基本上就是一面镜子。它的主要反射面是凹形的，这种凹陷能收集来自天空的大部分光线，随后将它们聚集成像，反射到目镜上，也就是天文学家眼睛紧贴的那个组件。

为了看得很远，天文望远镜要长时间地聚焦在天空的同一位置，并尽可能多地收集光线。宇宙最遥远的图像需要长达几天的曝光时间。

天文望远镜的体积也非常大，以便尽可能多地接收由遥远物体发出的光子。建造大型天文望远镜需要足够精准的反射弧度，以保证图像不失真，这是一项十分复杂的工程，要合并无数个小镜面所收到的信号。

这些天文望远镜被架设在天朗气清、远离光污染的地方。在地球上，高海拔的沙漠是理想之地，如"甚大"望远镜所在的智利阿塔卡马沙漠。太空是更优的选择：在600千米的高空，哈勃望远镜为我们提供了无比精准的宇宙图像。

你知道吗？

世界上最大的望远镜直径为10.4米，位于加那利群岛的拉帕尔马岛。

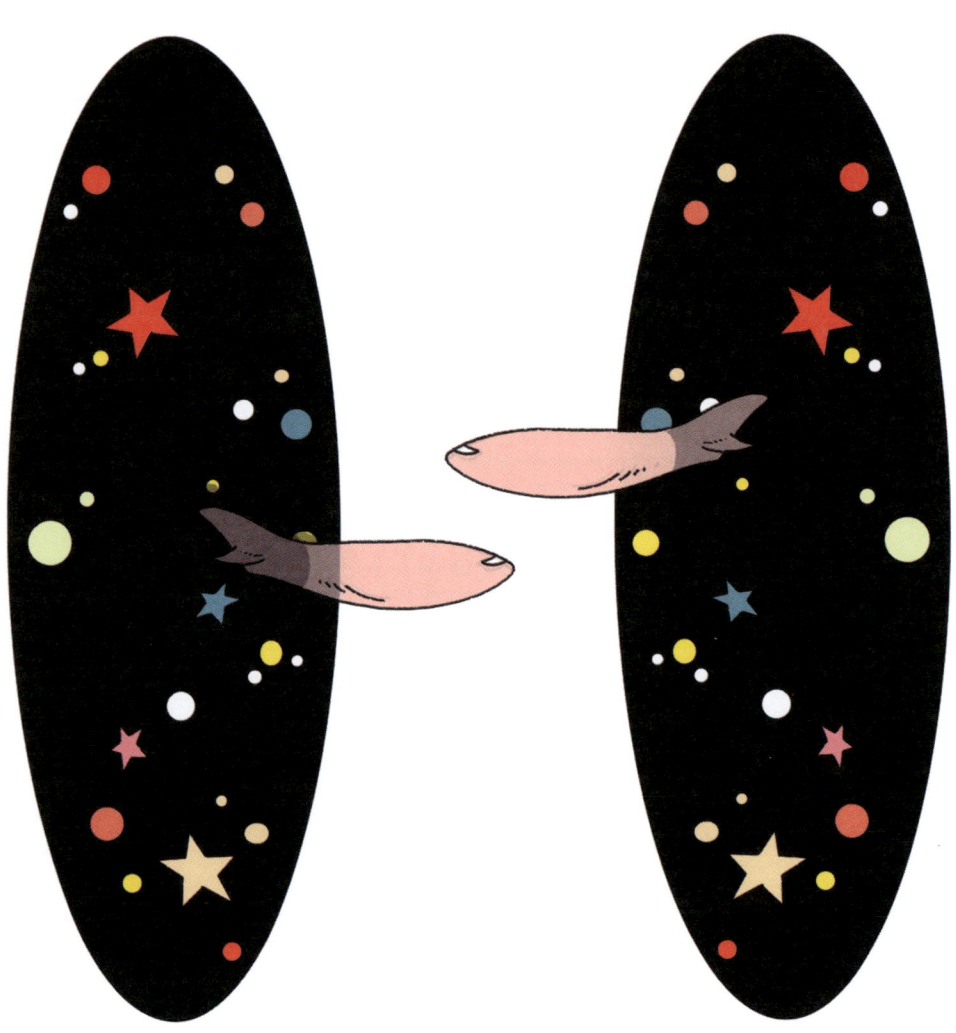

平行宇宙
真的存在吗？

▶ **为什么不呢？天体物理学家一直都在认真考虑这个问题。**

多种思考都趋向同一种想法：由不同物质组成的另一世界可以在其他地方、其他维度独立于我们的世界而进化。所以它们很少或几乎不会与我们的宇宙进行互动，我们也就难以验证它们的存在。但可能存在平行宇宙这种想法为我们无法解决的谜团提供了一些答案。

大爆炸理论假设，原始能量产生了等量的物质和反物质。构成物质的粒子和反物质的反粒子相遇时，会瞬间释放巨大能量然后湮灭。但在我们的世界里，物质比反物质要多得多。反物质都去哪儿了？可能已经"自我隔离"在一个反物质宇宙中。

自我们的宇宙诞生以来，有些数值就是固定的，例如重力、光速……理论家们很困惑：这是一个巧合，还是有其他宇宙也受各种常数支配？为什么最终空间中只有三个维度，而不是四个、五个或更多？

你知道吗？

黑洞是通往平行宇宙的大门吗？天体物理学家提出的这种想法受到了科幻小说家的青睐，在他们的作品中，只需掉进一个黑洞，就能出现在另一个宇宙里。

星星如何决定我们的日历？

▶ **天空中恒星、行星和卫星的轮回，决定了日、月、年，甚至是一些节日。**

太阳是我们的日历最大的指挥家，它每天早晨升起和在天空中运行的轨迹都是地球自转的结果。这种运动决定了我们的一天。

地球也绕着太阳运行，它公转一圈要一年，但是它的旋转轴是倾斜的。当公转半圈，北半球正处于夏天时，这种倾斜有利于北半球的光照，之后轮到南半球。在这种倾斜的影响下，温带地区会出现季节交替。

一年中，月球围绕地球转12圈多一点。因此，一年有12个月，不过，每个月的长度与月球绕地运转周期并不完全对应。

有一些重要的日子也由它们所左右。太阳在天空中停留时间最长的那一天被称为夏至，在北半球，大约在6月21日；最短的一天是冬至，在12月21日前后。在西方，这就是圣诞节的起源。的确，许多国家都在这段时间庆祝重要节日。

对了，如何利用星星导航？答案详见第44页。

你知道吗？

地球沿着绕日轨道运行一圈需要365.24天。如果每年都只有365天，那么日历就会逐渐与现实时间不同步。这就是我们每隔一段时间（四年）就设置一次有366天的闰年的原因。

作者简介

安妮·德布罗伊斯（Anne Debroise）：记者，科技作家，主要研究领域为自然与环境。

弗雷德里克·米肖（Frédéric Michaud）：插画家及新闻画家，呈现梦幻诗意的图画世界。

向**让-米歇尔·马松（Jean-Michel Masson）**致谢。

译者简介

孟念慈：湖北武汉人，武汉大学法语语言文学学士，法国巴黎索邦大学应用法语硕士。现任中南财经政法大学法语专职教师，主要研究方向为法语教学法、法国文化、法国文学，主讲法语精读、法语语法、高级法语、法国文化等多门课程。目前主持校级研究项目一项，教育部产学研课题一项。